马克笔表现技法速成指导
（室内篇）

AN INSTANT INSTRUCTION OF THE DEPICTION
TECHNIQUES OF MAKER PEN

洪惠群 杨安 张晶 著

中国建筑工业出版社

图书在版编目（CIP）数据

马克笔表现技法速成指导（室内篇）/洪惠群等著.—北京：
中国建筑工业出版社，2009
 ISBN 978-7-112-11264-7

Ⅰ.马… Ⅱ.洪… Ⅲ.室内设计－建筑艺术－绘画－技法（美术）－高等学校－教学参考资料 Ⅳ.TU204

中国版本图书馆CIP数据核字（2009）第151621号

本书《马克笔表现技法速成指导》是根据建筑学专业群（建筑学、城市规划、园林景观、室内设计）的专业特点与表现技法课程教学的需要而设，分为室内篇与室外篇两册。本教材为适应目前学生以"零"美术基础入学建筑学专业群，且教学时数减少的教学背景之下，预想达到"会用"的教学目的。为此，根据目前设计师的工作特点，在教学上特设技法基础、技法练习和技法应用三个章节。

技法基础以强调基本的表现能力学习为教学目的。其内容分为两个层次：基本用笔技法与室内陈设基本构成元素，如人物、椅子、沙发、卧室的床以及室内装饰品等的表现。从技法的基本要求、基础方法开始，引导学生打下一个良好的技法基础。

技法练习以强调基本技法的模仿学习为主。从小空间，与生活密切联系的居住空间开始学习，如卧室、客厅、书房等，逐步向中等及偏大的公共空间过渡，如大堂、餐厅、会议室等。从在临摹练习中了解技法，到理解技法，加以"量化"的学习方式，直至熟悉技法，从而形成符合自己的技法习惯。

技法应用以强调学为所用的教学目的安排教学计划，主要通过改画、重画、续画等教学途径，实现逐步从依赖（临摹）学习的习惯转向独立创作设计表现的过渡。

责任编辑：陈　桦　吕小勇
责任设计：赵明霞
责任校对：袁艳玲　关　健

马克笔表现技法速成指导（室内篇）

洪惠群　杨安　张晶　著

*

中国建筑工业出版社出版、发行（北京西郊百万庄）
各地新华书店、建筑书店经销
北京嘉泰利德公司制版
天津图文方嘉印刷有限公司印刷

*

开本：880×1230毫米　横1/16　印张：5¾　字数：185千字
2010年1月第一版　2019年9月第五次印刷
定价：38.00元
ISBN 978-7-112-11264-7
（18450）

版权所有　翻印必究
如有印装质量问题，可寄本社退换
（邮政编码100037）

前 言

对教师来说：表现技法教学的重点是如何培养学生的技法基础能力。难点是如何将技法基础的学习平稳过渡到技法应用的学习。

对学生来说：①建立在"兴趣"基础之上的学习态度，可以获得一个良好的"成绩"，因为"兴趣"是自己最好的老师；②过"三关"是表现技法学习的重点，包括造型关（线条与透视）、上色关（色调与笔触）和熟练关（构图与美感）；③"会用"是表现技法学习的难点，也是技法学习的最终目标。

本书将会告诉你闯"三关"的方法：①造型关。可以采取"一口气"画完本篇中所有图画的线描图。刚开始不习惯画直线，也不习惯一笔就能画出一个透视中的立方体或圆形，但通过大量的练习也就很容易形成一种习惯了。自我检验办法：如果感觉到自己对手的掌控达到"随心所欲"的程度时，即可。②上色关，通过大量的范本临摹学习，从中体会采用各种技法要领，主要解决色调与用笔的技法。自我检验办法：能默写相同的画面。③熟练关。熟练关的破点在于记忆（默写）表现。记忆（默写）表现关键在于生活基础与勤奋，最终达到"会用"的目的。上述方法是不是有效，就要看你是不是诚心诚意地按照本《指导》的思路去学习了。

《马克笔表现技法速成指导》是作为"练习簿"或"速写本"的形式出版，目的是方便学习，简化过程。一是省去了初学者在学习表现技法时，需要事先准备纸张和临摹范本，该"练习簿"可以提供随时进行练习的需要；二是省去了初学者在购买绘画工具时的困惑，明确应购置什么工具；三是方便了初学者，不一定强调在教室、宿舍的桌面上才能进行练习，该"速写本"可以提供方便，随时手捧"速写本"在小河边、树林里、公园里……静静地进行练习。

在浪漫环境中学习，心情愉快，学习的效果也许会更好，同学们不妨一试。

在本书的编写过程中，得到了广州大学的教材资金支持以及广州大学建筑与城市规划学院06城规班陈思慧同学的帮助，在此表示感谢。

作者
2009年8月

目 录

第1章　技法基础　001

1.1　马克笔基本用笔技法　002
1.2　马克笔造型技法分解　003
1.3　陈设品组合练习　024

第2章　技法练习　027

2.1　居住环境　028
2.2　工作环境　054
2.3　公共环境　064

第3章　技法实践　079

3.1　改画　081
3.2　重画　083
3.3　续画　085

参考文献　087

第1章 技法基础

- 教学目的

　　马克笔的技法基础，从技法分解练习开始，其目的：一方面借助于参照图进行反反复复的练习；另一方面也节省了时间，尤其是在课堂教学时间有限的情况下，分解技法的练习显得十分必要。同时，也有利于下一阶段的练习，从而使学生更有效地、快速地掌握马克笔表现技法。

- 教学内容

　　马克笔表现技法速成指导之室内篇的分解练习，分为两个层次：基本用笔技法与室内陈设基本构成元素，如有客厅的沙发、茶几、电视、窗帘和卧室的床，以及室内装饰品等的表现。

- 学习要点

　　（1）勾线（线描）图是"骨架"，色彩是"外衣"。

　　骨架：包括透视正确，线条流畅，构图完整。突破线（条）造型与构图关。因此，强调素（线）描基本功。要求在作练习时，注意线条练习、构图研究、造型比较。
　　外衣：是附在骨架上的色彩。包括色调和谐，色彩之间的搭配、对比与统一。一种色彩的本身无贵贱，但搭配得当，就会显得高贵、淡雅或浓烈。因此，要学会认识色彩的性格和特点。要求在作练习时，注意留心记住色彩与色彩搭配时的效果，以备下次再用。

　　（2）"画味"与"响亮"

　　画味：是指一幅画的艺术性。习者要多注意绘画时的"用笔"技巧。如：线描，一笔到"位"的准确性；色彩，一笔就"位"的趣味性。二者构成"画味"。
　　响亮：是指一幅画的吸引力。习者要注意画面趣味中心的"经营"。通过画面的造型与构图，色彩的对比与统一等手段，达到"经营"的目的。

1.1 马克笔基本用笔技法

（1）马克笔基本用笔技法

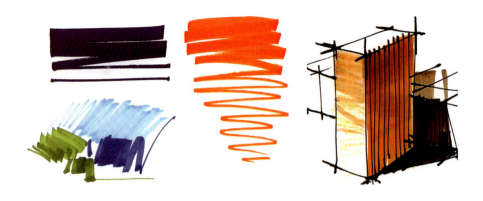

（2）立体空间造型基本用笔技法

对准备工具的一点看法：

马克笔的品牌有多种。如：Touch 牌马克笔大概有 100 多种定型色；Chafford 牌马克笔也大概有 100 多种定型色；Marvy 牌马克笔分单头和双头两种，有 60 种定型色。

出于经济方面的考虑，同学们不可能全都买。再说，在快题考试时，带着一大堆各式各样的马克笔也不方便。因为，在这些马克笔定型色中，也不可能都能用于你的绘画之中。因此，建议按需购买，或按习惯购买，或按常用购买。以下提供的仅是室外环境设计常用定型色的编号，仅供参考（红色文字表示必买）。

Touch 牌（简称"T"牌）

灰色系列：WG-1，WG-2，WG-3，WG-5，WG-7，WG-9。
BG-1，BG-3，BG-5，BG-7。
CG-1，CG-3，CG-5，CG-7。

冷色系列：PB-75，PB-77，P-84；G-46，G-59，GY-47，GY-48，GY-49。

暖色系列：Y-29，Y-32，Y-36，Y-100，Y-104，YR-21，YR-23，YR-24，YR-97，YR-99，YR-99，YR-101，YR-102。
R-1，R-7，R-14，R-28，R-91，R-94，R-98。
RP-9，RP-89。

Marvy 牌（单头）（简称"M"牌）
No1，4，11，15，18，23，24，27，40，44，45，47，51，52，54，60。

Marvy 牌（双头，Doubler）（简称"D-M"牌）
No1，11，15，18，23。

水溶性彩铅：（"faber-castell"牌）407，409，430，447，451，453，454，463，466，470，473，483。

说明：Doubler Marvy 与 Marvy 为同属一个品牌的两种款式，其色一样。

学习要点：马克笔的基本技巧在于笔触线条的排列，应均匀、快速、放松、灵活、力度一致。忌讳：重叠、过慢、线条凌乱。如遇到大块面的着色时，建议采用随意、自然、轻松之感的波折型渐变技法。也可以采用厚重型渐变技法（厚重型渐变技法是先平涂，然后再作渐变技法）。

1.2 马克笔造型技法分解
1.2.1 人物造型类
（1）单一人物着色步骤

（2）人物组合着色步骤

1.2.2 人物组合着色练习

(1) 近景、中景人物组合练习

(2) 远景人物组合练习

(3) 近、中、远景组合练习

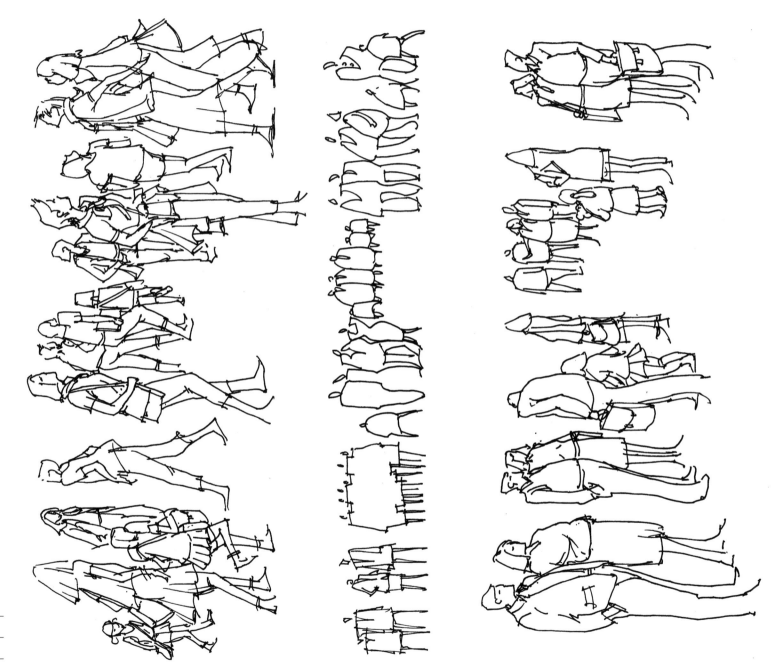

1.2.3 家具造型类
（1）办公椅

准备工具：
"T"牌马克笔：WG-1，WG-3，WG-5；PB-77。
"M"牌马克笔：No10，22，32，43，44，45，57，60。
"D-M"牌马克笔：No1。
彩铅：蓝紫色。
学习要点：
复合性渐变技法：先用彩铅打底，然后使用马克笔作一次性渐变技法。所得到的是合成后的色彩效果。

第1章 技法基础 007

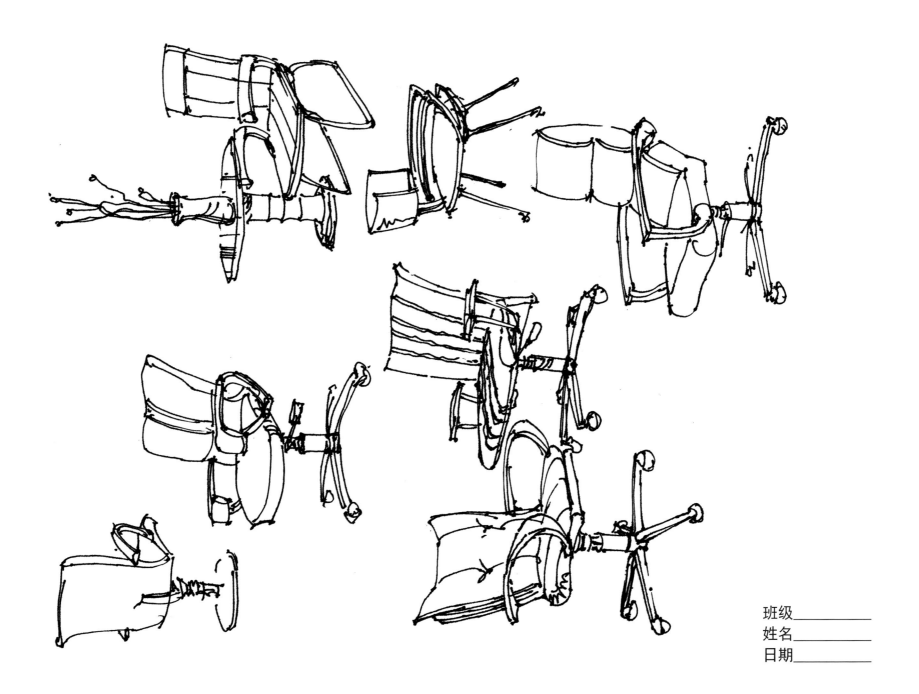

班级_____
姓名_____
日期_____

（2）沙发与吧台椅

准备工具：
"T"牌马克笔：YR-23,YR-97,YR-24,YR-101,WG-7,CG-5,R-14,R-98,YR-102;R-104;GB-68。
"M"牌：No45、54。
"D-M"牌：No1。
学习要点：
笔触的塑造应该是灵活多变的，应针对不同的对象采用不同的手法。

第1章 技法基础 009

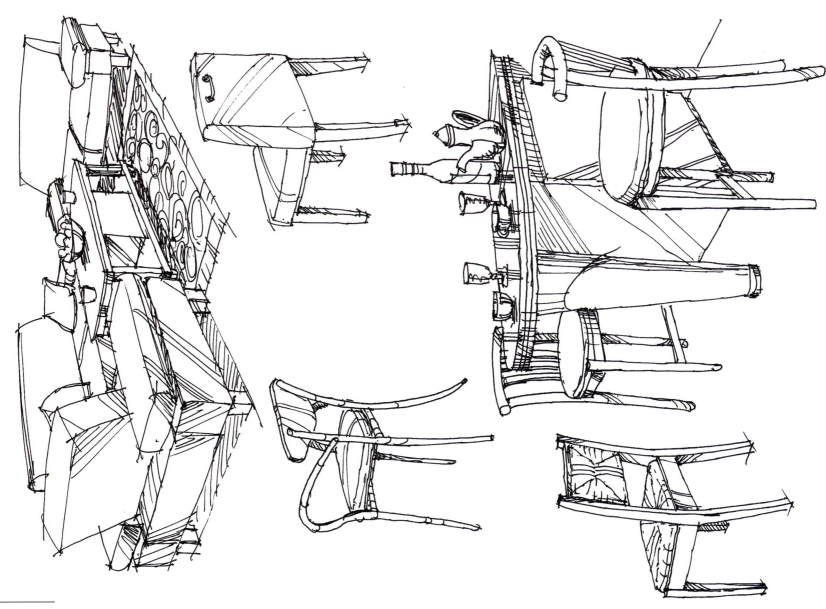

班级_____
姓名_____
日期_____

（3）餐椅

准备工具：
"T"牌马克笔：YR-23,YR-101,YR-99,PB-77,GY-49,G-46。
"D-M"牌：No1。
学习要点：
注意色彩的搭配关系。

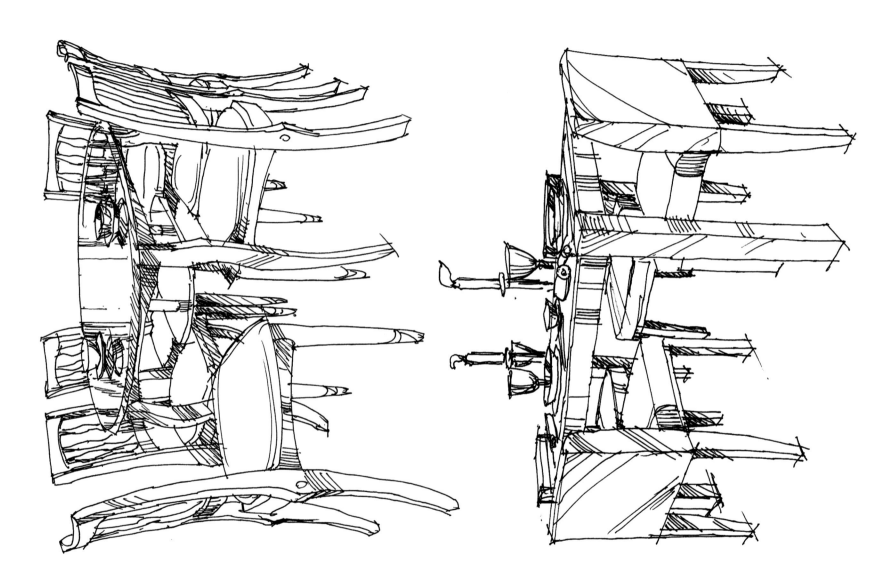

（4）休闲椅

准备工具：
"T"牌马克笔：BG-58、PB-77、PB-76、BG-3、Y-104；YR-101、YR-24。
"M"牌马克笔：No57。
"D-M"牌马克笔：No1。
"faber-castell"牌彩铅：447。
学习要点：
当色彩的过渡色域不够时，建议采用复合性技法表现。先用彩铅，再使用马克笔。

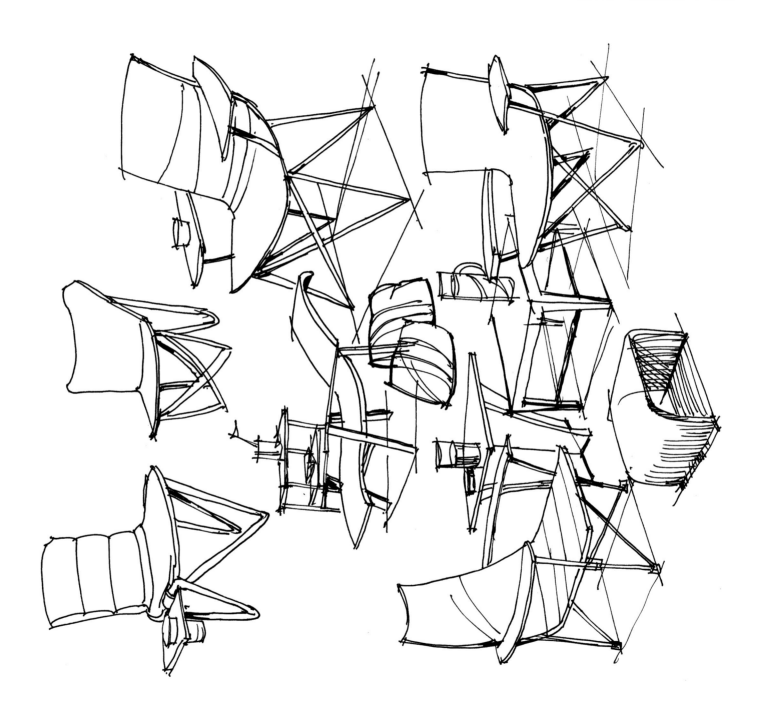

（5）西餐椅

准备工具：
"T"牌马克笔：PB-77，BG-1，BG-3；BG-5；Y-104，GY-48；YR-103，R-14。
"D-M"牌马克笔：No1。
"M"牌马克笔：No23，45，54。
"faber-castell"牌彩铅：430。
学习要点：
先画浅色，后加深，一步步地画，不要乱了步骤。

（6）客厅沙发椅

准备工具：
"T"牌马克笔：YR-21，Y-36，YR-97，BG-1，BG-3；R-14，B-66，YR-24，PB-77，G-55。
"T"牌马克笔：No1。
"faber-castell"牌彩铅：409。
学习要点：
用笔要放松，不必拘谨。

第1章 技法基础 017

班级_____
姓名_____
日期_____

(7) 双人床

准备工具：
"T"牌马克笔：Y-104，YR-97，YR-24，BG-1，BG-3；WG-1，WG-3，WG-5；R-14，B-66，YR-24；PB-77，G-55。
"D-M"牌马克笔：No1。
"M"牌马克笔：No30。
"faber-castell"牌彩铅：409。
学习要点：
第一遍完成后要等它干透，再续画。

第1章 技法基础 | 019

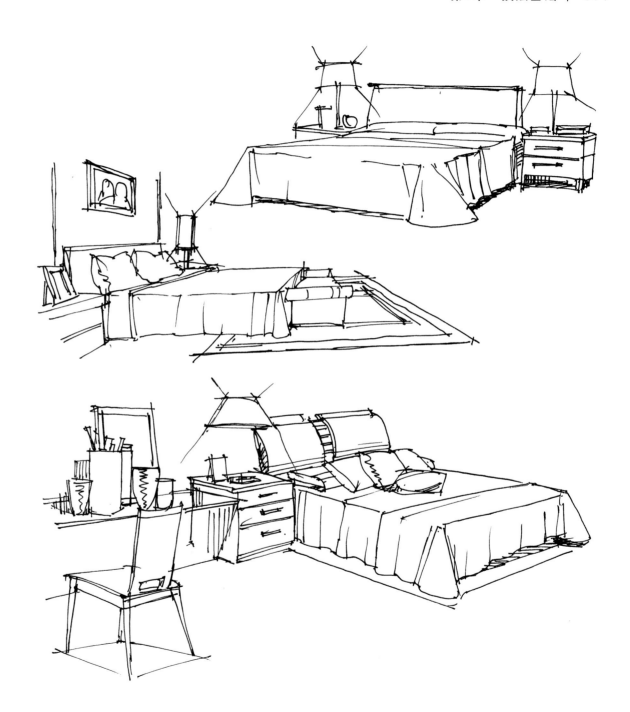

班级_____
姓名_____
日期_____

（8）陶瓷装饰品

准备工具：
"T"牌马克笔：PB-77，BG-58，Y-104。
"D-M"牌马克笔：No1。
"M"牌马克笔：No23。
"faber-castell"牌彩铅：443，409。
学习要点：
室内陈品表现，一是因为面积不大，二是因为点缀的需要。因此，不要过分地表现。

（9）室内绿化

准备工具：
"T"牌马克笔：PB-77，BG-57，BG-53，G-46，R-14。
"D-M"牌马克笔：No1。
"M"牌马克笔：No4，11，23。
"faber-castell"牌彩铅：443，409。
学习要点：
注意绿化的层次。

1.3 陈设品组合练习

准备工具：
"T"牌马克笔：Y-104，G-46，BG-51，BG-68，G-59，YR-24，YR-23，R-14，RY-97。
"M"牌马克笔：No23，40，41，43。
"D-M"牌马克笔：No1。
学习要点：
利用马克笔的特点，采用复笔的方式，可以做到既有变化又有统一的效果。

第 2 章　技法练习

• **教学目的**

　　本阶段技法练习以临摹学习的方式为主。其目的：通过临摹学习，有助于初学者模仿造景、造型的技法，以便更加快速地掌握马克笔表现的常用技法。

• **教学内容**

　　在教学内容上，以循序渐进教学理念安排教学。从小空间，与生活密切联系的居住空间开始学习，如卧室、客厅、书房。逐步向中等的公共空间过渡，如，大堂、餐厅、会议室等，然后过渡到大型空间的学习。如果通过"量化"训练方式配合，最终可达到熟能生巧的目的。

• **学习要点**

　　1．"临摹"不是机械地依着葫芦画瓢，要留心学习原作品的用笔技法。如果在画完后能够记住刚刚画的是什么，是怎样画的，那就更好了。因此，建议最好能通过默写方式再画一遍或多画几遍。

　　2．不论表现对象的空间是大还是小，在整体上的色调统一和在局部上的色彩对比的审美原则是一样的。

　　3．马克笔的基本要领："留白"、"整齐"、"流畅"、"肯定"。

　　留白：是为表现物体的"高光"，或为"透气"而采用的技法。

　　整齐：马克笔与铅笔表现技法基本相似，笔触需要相对整齐地排列。

　　流畅：熟能生巧，讲究笔触的连贯性。

　　肯定：下笔要胆大，落笔要肯定。

　　4．马克笔的基本步骤："先浅后深"。

　　5．忌讳之处：

　　（1）上色时不守轮廓边线，易造成画面的形体感不完整；

　　（2）不同的冷暖色交替运用，易造成画面"脏"；

　　（3）用色种类过多，画面色调不易统一；

　　（4）对大面的图形平涂时，易产生"呆板"效果。

2.1 居住环境

(1) 客厅一角

准备工具:
"T"牌马克笔:Y-104,YR-101,RY-97,R-14,YR-24,PB-77,BG-5,WG-3。
"M"牌马克笔:No11,4。
"D-M"牌马克笔:No1。
"faber-castell"牌彩铅:407。
学习要点:
注意利用装饰小品的色彩,达到画面的色彩平衡。

（2）茶室空间

准备工具：
"T"牌马克笔：CG-3；WG-3，WG-5；YR-97，YR-102，YR-101，YR-24；PB-77，PB-75，PB-64；BG-5，BG-58，G-45，R-14。
"D-M"牌马克笔：No1。
学习要点：
在造型的同时，还要注意笔触的表现。

班级_____
姓名_____
日期_____

（3）跃层式的客厅

准备工具：
"T"牌马克笔：Y-104，YR-24，YR-97，YR-102，GY-49，YR-97，CB-3，PB-75，PB-77，WG-5，G-55，BG-51。
"M"牌马克笔：No44。
"D-M"牌马克笔：No1。
学习要点：
注意色块的渐变表现，忌平涂上色。

第2章 技法练习 | 033

班级_____
姓名_____
日期_____

(4) 居室空间布置设计

准备工具：
"T"牌马克笔：CB-3，PB-75，PB-77，WG-5，BG-53，Y-36，Y-101。
"M"牌马克笔：No18，24。
"D-M"牌马克笔：No1。
学习要点：
上色，不一定每一个地方都要上，而是根据空间主要表达的对象进行处理。这样就有"画味"了。

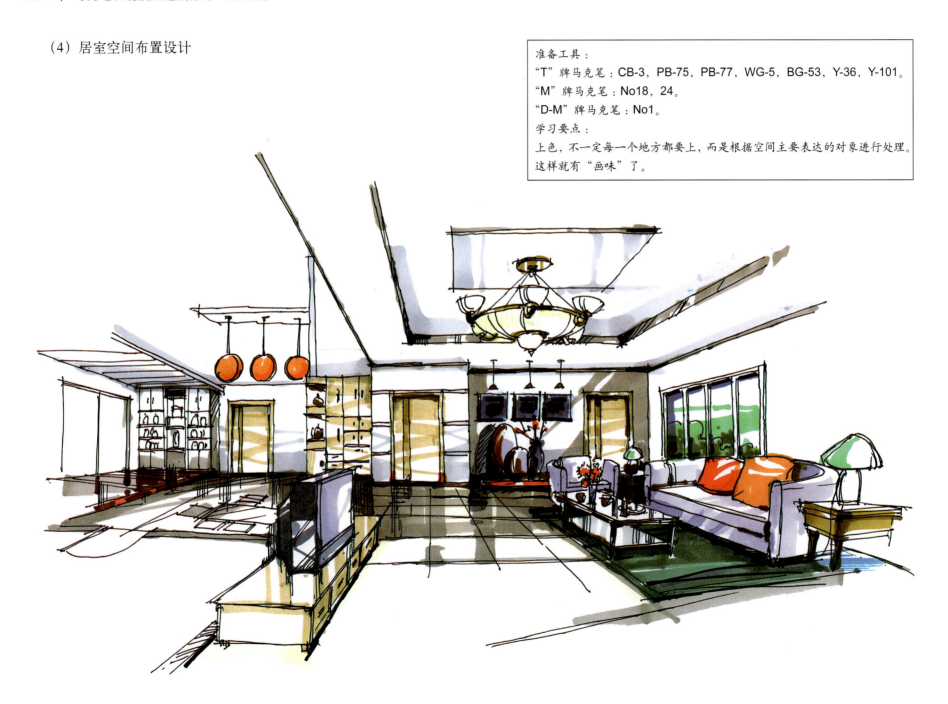

班级_____
姓名_____
日期_____

（5）大空间客厅的设计

准备工具：
"T"牌马克笔：CG-3，BG-68；GY-48，R-98，YR-23。
"M"牌马克笔：No44。
"D-M"牌马克笔：No1。
学习要点：
强调主题的表现手法，很容易出效果，但要注意过渡得恰到好处。

第2章 技法练习 | 037

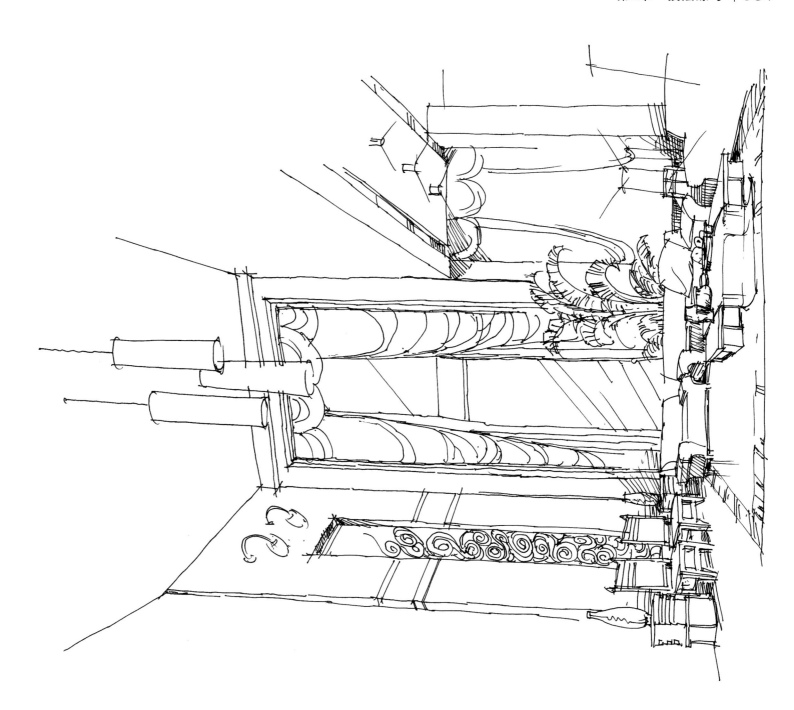

班级_____
姓名_____
日期_____

（6）休闲风格客厅的设计

准备工具：
"T"牌马克笔：PB-77，WG-3，WG-5；Y-32，Y-29，YR-21，YR-23，YR-24，YR-97；RP-9，R-94，R-1，BG-68，BG-3，BG-5。
"M"牌马克笔：No52。
"D-M"牌马克笔：No1，23。
学习要点：
座位靠垫，一般是作为画龙点睛的手法对待，但此时不宜多画，保持一点"净土"，反而感觉好些。

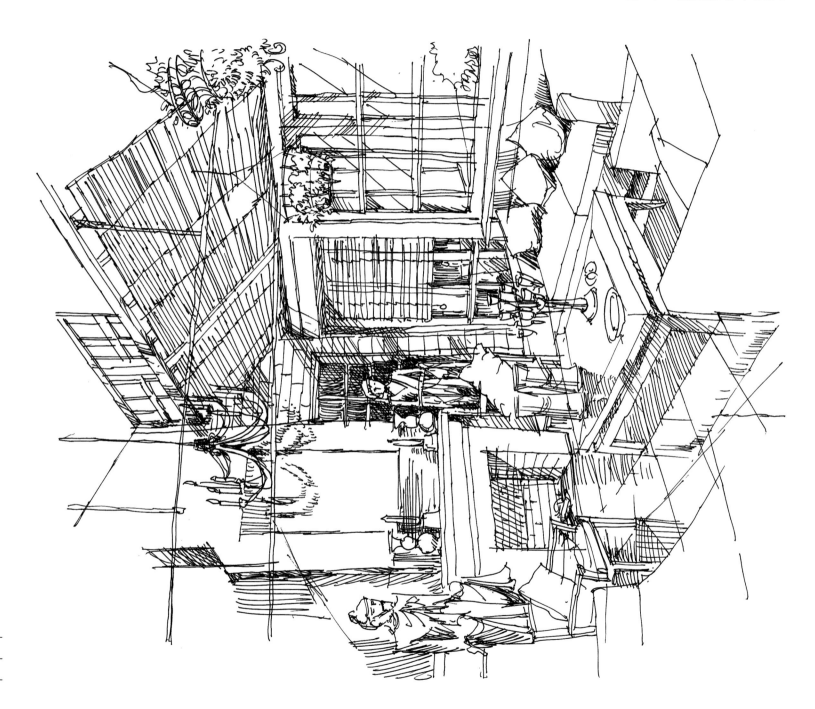

（7）某公寓客厅

准备工具：
"T"牌马克笔：GG-3，BG-53，YR-97；YR-95，WG-3，WG-5。
"M"牌马克笔：No57，40。
"D-M"牌马克笔：No1。
学习要点：
注意整体和细部的关系，避免"花"的感觉。以三种颜色为主，再作一点对比色的选择，即可。

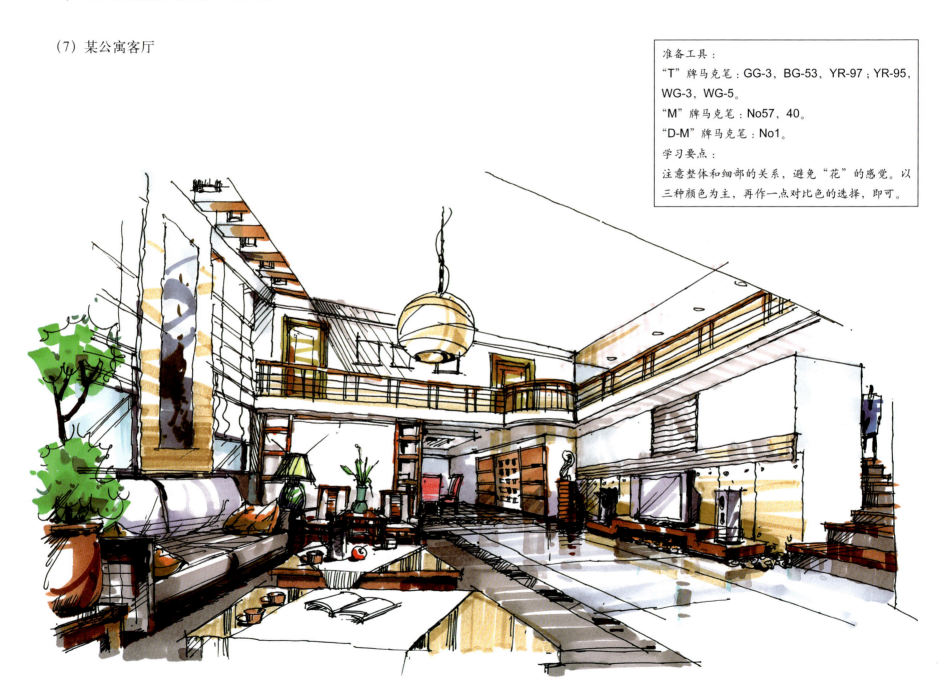

（8）某别墅客厅

准备工具：
"T"牌马克笔：Y-100，Y-104，Y-32，WG-3，WG-5，RP-9；YR-95，BG-1，BG-3，BG-5；PB-84。
"M"牌马克笔：No24。
"D-M"牌马克笔：No1。
学习要点：
注意色调的统一和对比色彩的处理。这样会使画面感到明快。

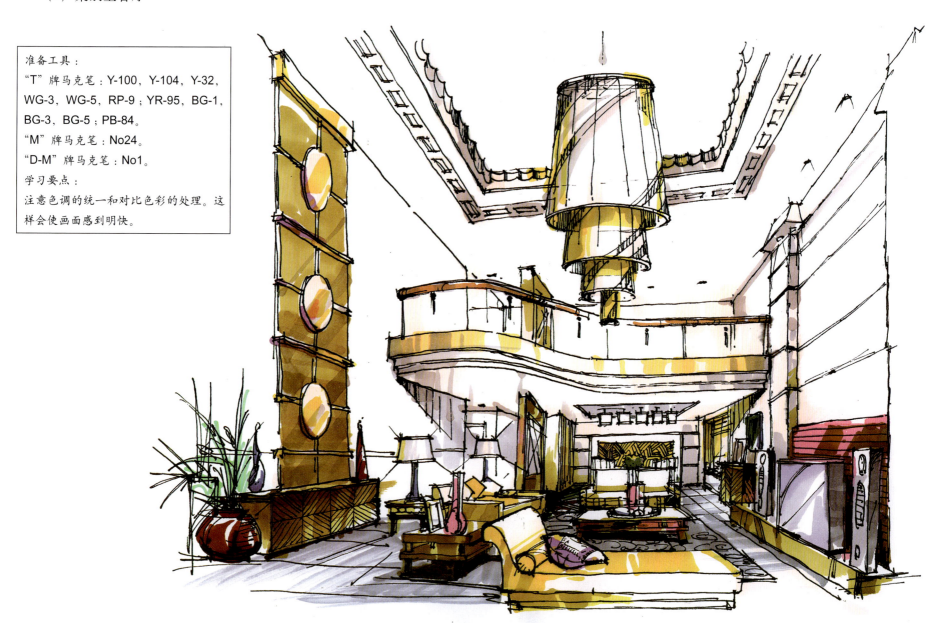

（9）某公寓的两个厅

准备工具：
"T"牌马克笔：PB-77；BG-48；Y-104，YR-31，YR-103；R-94，R-11；WG-1，WG-3；CG-4，CG-7。
"M"牌马克笔：No24。
"D-M"牌马克笔：No1。
学习要点：
由于"T"牌马克笔的油性特点，停留时间长短不同，其效果也不同。因此，应注意落笔与起笔的技法应用。

（10）坡屋顶的卧室

准备工具：
"T"牌马克笔：YR-24；GY-49；Y-104，YR-101，YR-97；BG-5，BG-57；BG-68，B-66；CG-5。
"M"牌马克笔：No24。
"D-M"牌马克笔：No1。

学习要点：
试图表现柚木地板的色彩效果，如果没有适合的色彩表现时，可以采用先画冷灰色，再画暖灰色的顺序。

班级_____
姓名_____
日期_____

（11）带休息室的卧室

准备工具：
"T"牌马克笔：P-84；RP-9；Y-104、Y-100、Y-36；R-94、R-98；YR-97；WG-1、WG-3、WG-5；CG-3、CG-5。
"M"牌马克笔：No24。
"D-M"牌马克笔：No1。
学习要点：
地毯色彩的选择应考虑与墙面装饰色彩呈现对比色，但主要的色调定为白色。这种白色调是略带暖色的"白调"。

班级_____
姓名_____
日期_____

（12）欧式风格的卧室

准备工具：
"T"牌马克笔：Y-104，Y-100；R-94，R-14；YR-21，YR-97；WG-1，WG-3，WG-5；CG-3，CG-5。
"M"牌马克笔：No24。
"D-M"牌马克笔：No1。
学习要点：
室内透视线条要准确、流畅，上色时则不必拘谨，要放松。

(13) 现代风格的卧室

准备工具：
"T"牌马克笔：PB-77；BG-48；Y-104，YR-31；YR-103；R-94，R-11；WG-1，WG-3；CG-4，CG-7。
"M"牌马克笔：No24。
"D-M"牌马克笔：No1。

学习要点：
"T"牌马克笔的特点，若要达到退晕效果，则需一口气画完；若要达到明显笔触效果，则要等第一遍画完干后再画。

2.2 工作环境

(1) 阁楼上的书房

准备工具：
"T"牌马克笔：GY-48，YR-24，YR-23，YR-97；R-14，CG-3；WG-5。
"D-M"牌马克笔：No1。
学习要点：
适当地作一点色彩的呼应、过渡，画面同样有协调之感。

第2章 技法练习 | 055

班级_____
姓名_____
日期_____

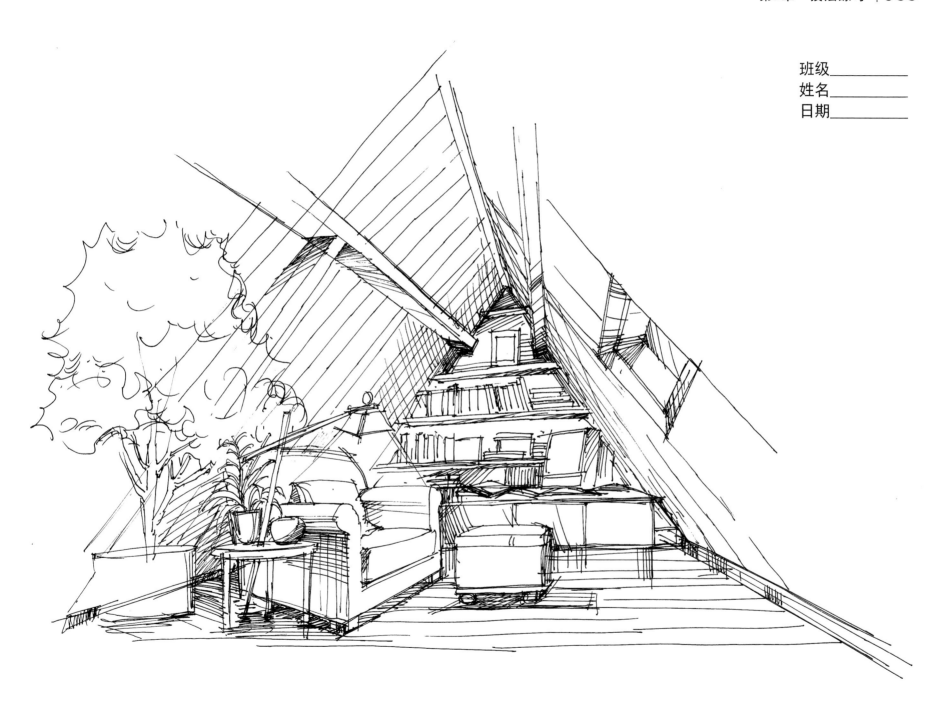

（2）某住宅书房

准备工具：
"T"牌马克笔：CG-2；GG-4，CG-7；YR-103，Y-104；R-94，R-97；RP-11，GY-48；G-50，G-47；PB-77。
"M"牌马克笔：No1。
学习要点：
注意每一块颜色的变化，不要超出这块色的色相。如，图中的"门"表现，层次很明显，采用明度上的变化。其他地方同样如此。

（3）某公司的接待室

准备工具：
"T"牌马克笔：WG-1，WG-3，WG-7；
GG-4；BG-3，BG-5，BG-50，PB-76，
PB-77；GY-48；R-97；RP-9。
"M"牌马克笔：No1。
学习要点：
强调结构的画法，其效果简捷、快速。

(4) 某公司的休息室

准备工具：
"T"牌马克笔：R-94，R-97；Y-104，Y-103；WG-1，WG-3，CG-7，GY-48；G-47；BG-50；PB-76。
"M"牌马克笔：No1。
学习要点：
先画浅色，再画深色，步骤不要乱。等第一遍完成，且干后，再上第二遍色彩。

班级＿＿＿＿＿＿
姓名＿＿＿＿＿＿
日期＿＿＿＿＿＿

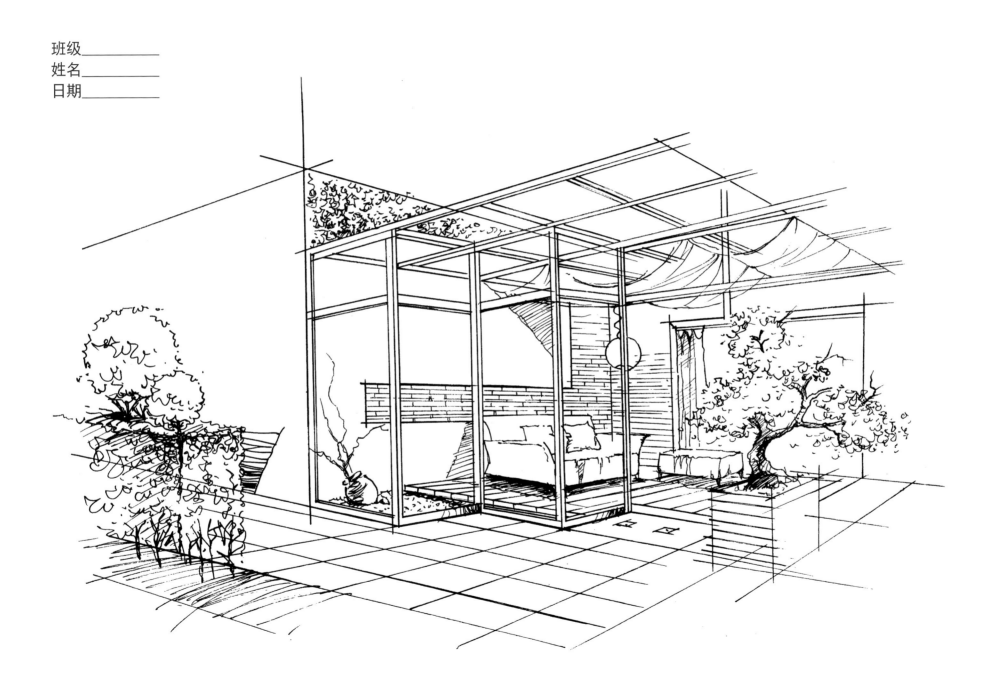

（5）办公环境

准备工具：

"T"牌马克笔：CG-2，CG-4，CG-7；BG-50；BG-68；PB-69，PB-76；YR-31，YR-21；WG-1，WG-3；G-43，GY-48。

"M"牌马克笔：No1。

学习要点：

马克笔的画面一定是留白，画"黑"，效果才佳。

2.3 公共环境
（1）某酒店大堂

准备工具：
"T"牌马克笔：Y-23，Y-32，Y-36；YR-97；P-84；R-98；WG-3，WG-5。
"M"牌马克笔：No1。
学习要点：
马克笔技法一般采用留白、镂空等技法。但要注意色彩过渡自然。多画并不好。

（2）某酒店中庭

准备工具：
"T"牌马克笔：YR-97，YR-24，YR-99；WG-3，WG-5；PB-77；BG-9；G-55。
"M"牌马克笔：No1。
"faber-castell"牌彩铅：409。
学习要点：
适当采用彩铅帮助灰色自然过渡。

第2章 技法练习 | 067

班级_____
姓名_____
日期_____

（3）某公司会议室

准备工具：
"T"牌马克笔：BG-68，PB-75，PB-77；
CG-3，CG-5，CG-7；BG-5；YR-97，
YR-102；Y-104；WG-1，WG-3，WG-5；
BG-58，G-46。
"M"牌马克笔：No1。
学习要点：
注意重点表达。强调以会议桌为中心的关系。

(4) 特色餐厅

准备工具：
"T"牌马克笔：BG-68，BG-58，BG-53；CG-3；PB-77，PB-64；B-66；GY-49；Y-104；G-55；WG-5；YR-97，YR-102，R-14。
"M"牌马克笔：No24。
"D-M"牌马克笔：No1。
学习要点：
注意在整体效果中求变化。

班级_____
姓名_____
日期_____

（5）酒店餐厅

准备工具：
"T"牌马克笔：BG-68，BG-51，BG-3，BG-5；B-66；CG-1，CG-3，CG-5；G-55，G-46；WG-1，WG-3；YR-99，PB-77，PB-75；YR-23，YR-24。
"M"牌马克笔：No24。
"D-M"牌马克笔：No1。
学习要点：
如果表现档次高一点的酒店餐饮空间，笔触表现以渲染为主要表现形式。

班级_____
姓名_____
日期_____

（6）传统风格的餐厅

准备工具：
"T"牌马克笔：WG-1，WG-3，WG-5；CG-3，CG-5；YR-97，YR-24，Y-100；R-14。
"M"牌马克笔：No4，11。
"D-M"牌马克笔：No1。
学习要点：
注意绘画的步骤，先整体后局部，先画浅色后加深。

(7)共享空间

准备工具:
"T"牌马克笔:BG-1、BG-3、BG-5、BG-53、BG-58、BG-68;G-46;B-66;CG-1、GG-3。
"D-M"牌马克笔:No1。
学习要点:
大空间的表现,注意从整体效果出发,不去纠缠小节。

第 3 章　技法实践

• **教学目的**

通过本阶段的技法练习，其目的是为了"会用"。"会用"是指绘图者不需借助参考图，仅仅针对设计表现的需要，利用马克笔绘画工具做到笔随心愿地表现任何形象、空间的设计意图。这也是每一个学习表现技法者的最终目标。

• **教学内容**

本阶段的教学内容，主要安排从技法学习过渡到技法实践的练习，安排有三个步骤：①改画；②重画；③续画。

第一步，改画。

　　对象：根据黑白画作品进行"改画"练习。"改画"的重点在于改变原有色调。

　　要求：保持基本构图，造型不变，主要改变原有的色调，将黑白画改成彩色画。

　　目的：目的是培养学生掌控画面色调的协调能力，以及上色技法表现的应用能力。

　　说明：(1) 如果自选作品，建议以选择黑白画一类的作品为对象进行改画为好，更有锻炼的价值。

　　　　　(2) 评分标准：选择黑白画为改画对象，分值系数为 0.5；选择彩色画为改画对象，分值系数为 0.2；选择彩色画为临画对象，分值系数为 0。

第二步，重画。

　　对象：根据本书提供的黑白画作品进行"重画"练习。"重画"的重点在于改变原有陈设品的造型。

　　要求：保持基本构图，陈设品的位置不变，要求改变原有陈设品的造型，即可。

　　目的：目的是培养学生掌控画面透视空间中元素造型的能力，进一步加强上色技法表现的应用能力。

　　说明：(1) 元素是指画中不能拆解的造型物体，如椅子、花瓶等。如果要改变原有造型，就得换一把椅子或换一个花瓶的造型，契合本人对作品的理解和审美情趣要求。

　　　　　(2) 评分标准：改 4 处，分值系数为 0.6；改 3 处，分值系数为 0.4；改 2 处，分值系数为 0.2；改 1 处，分值系数为 0。

第三步，续画。

　　对象：从提供的某酒店中庭 5 个设计方案中体会设计要求，对本书提供的未完成作品进行"续画"。

　　要求：要求其基本透视空间不变，根据本人对该酒店中庭室内环境设计方案要求的理解，对未完成的空间透视图进行"续画"。

目的：目的是培养学生掌控画面透视空间中元素造型的设计能力，以及设计表现的应用能力。

说明：(1)"续画"难度在于先要设计，才能完成表现。因此，建议如果你是学室内设计专业的学生，一定选择"续画"的学习方式。如果你是学建筑设计专业的学生，可以选择"改画"的学习方式。

(2)评分标准：采用"续画"练习，分值系数为0.3；采用"改画"练习，分值系数为0。

• 学习要点

（1）学会如何构图。利用"对比"思维，调整构图关系。如，画面中主要的横向物体，可以通过次要的竖向图形加以打破。如一层厂房建筑＋树干构成画面；相反，画面中主要的竖向物体，可以通过次要的横向图形加以打破，如高层建筑＋横向的白云构成画面。

（2）学会掌控色调。利用"对比"思维，调整色彩关系。如果在以冷色色调为主的画面中加以对比色——暖色，画面显得醒目；相反，如果在以暖色色调为主的画面中加以对比色——冷色，画面也会显得醒目。

（3）多默写室内陈设用品，如座椅、沙发、床等，有助于技法创作表现。默写不等于照搬，而在于理解"千变万变不离其宗"的道理。

（4）能帮助你"默写"的最好方法：首先，要了解所画对象的基本结构、构造以及规律；其次，要多练习，多思考，多总结。

（5）掌握正确、简便的透视表现方法至关重要。因为，良好的空间透视架构的图面是表现图成功的基本保证。

3.1 改画

3.1.1 作业对象：

根据黑白画作品进行"改画"练习，改成彩色图（这是一幅选自《建筑画环境表现与技法》中的钢笔画，作者钟训正）。

3.1.2 作业要求：

"改画"的重点在于改变原有色调，要求保持基本构图和元素造型不变。

3.1.3 评分标准：

选择黑白画为改画对象，分值系数为0.5；选择彩色画为改画对象，分值系数为0.2；选择彩色画为临画对象，分值系数为0。

学习要点：
由于该画为钢笔画，因而在改画之时要注意马克笔画的特点，适当减少为表现光影或物体的立体感而表现的线条。

准备工具：
"T"牌马克笔：YR-97，YR-104。
"M"牌马克笔：No41，23。

学习要点：
根据钢笔画改编成色稿。

3.2 重画

3.2.1 作业对象：

根据黑白画作品进行"重画"练习，改陈设品的造型或重新造型（这是一幅选自《钢笔建筑室内环境技法与表现》中的钢笔画，作者吴卫）。

3.2.2 作业要求：

保持基本构图、陈设品的位置不变，根据本人对作品的理解和审美情趣，对其改变原有陈设品的造型或重新造型，然后再着色。

3.2.3 评分标准：

改4处，分值系数为0.6；改3处，分值系数为0.4；改2处，分值系数为0.2；改1处，分值系数为0。

此画为改变原有造型

准备工具：

"T"牌马克笔：WG-3、WG-5、WG-7；PB-77；CG-3、CG-5；P-84；BG-53、BG-58、BG-68；GY-47；YR-97、YR-95、YR-21；Y-32、Y-36、R-14。

"M"牌马克笔：No1。

此画为重新塑造原有造型

准备工具：

"T"牌马克笔：BG-5、RP-9、R-27、GY-47、G-46、G-59、BG-53、Y-36、WG-3、Y-104、Y-100、R-14。

"D-M"牌马克笔：No1。

第六个方案

3.3 续画

3.3.1 作业对象：

根据甲方要求，本次设计方案要求6个。现已完成5个方案，还缺少一个方案，这第六个方案由你来完成。

3.3.2 作业要求：

基本透视空间不变，根据你对以上某酒店中庭5个设计方案的观察和体会，完成第六个方案。

3.3.3 评分标准：

采用"自画"练习，分值系数为0.3；采用"改画"练习，分值系数为0。

参考文献

[1] 洪惠群．建筑与环境表现技法．广州：华南理工大学出版社，2007．
[2] 吴卫．钢笔建筑室内环境技法与表现．北京：中国建筑工业出版社，2002．
[3] 赵国斌．手绘效果图表现技法——室内设计．福州：福建美术出版社，2006．
[4] 杨健．室内空间徒手表现法．沈阳：辽宁科学技术出版社，2003．
[5] 王少斌．家居空间设计手绘案例．沈阳：辽宁科学技术出版社，2004．
[6] 郑孝东．手绘与室内设计．海口：海南出版公司，2004．